普通高等教育艺术设计类专业"十三五"系列规划教材

建筑速写

杨 凯　许翔宇　主　编
侯建伟　姚冠男　万琳琳　副主编

全国百佳图书出版单位

化学工业出版社

·北　京·

本书从建筑速写的基础知识、最基本的速写工具入手，由浅入深，涉及线条、调子、步骤、临摹等多个层面，从老师和学生的不同角度来帮助初学者认识建筑速写，了解建筑速写的重要性，掌握建筑速写的基本技能。

本书内容丰富且条理清晰，让建筑速写初学者、建筑设计和环境设计相关专业的学生能够系统学习，并且进行手绘表达。本书具有很强的实用性和针对性，适合作为建筑设计、环境设计、风景园林等设计类专业的教材用书，也可供速写爱好者参考使用。

图书在版编目（CIP）数据

建筑速写/杨凯，许翔宇主编. —北京：化学工业出版社，2019.1（2021.9重印）
ISBN 978-7-122-33418-3

Ⅰ.①建… Ⅱ.①杨…②许… Ⅲ.①建筑艺术-速写技法 Ⅳ.①TU204

中国版本图书馆CIP数据核字（2018）第283201号

责任编辑：徐一丹　　　　　　　　　　　装帧设计：溢思视觉设计
责任校对：边　涛

出版发行：化学工业出版社（北京市东城区青年湖南街13号　邮政编码100011）
印　　装：天津画中画印刷有限公司
787mm×1092mm　1/16　印张 8½　字数170千字　2021年9月北京第1版第2次印刷

购书咨询：010-64518888　　　　售后服务：010-64518899
网　　址：http://www.cip.com.cn
凡购买本书，如有缺损质量问题，本社销售中心负责调换。

定　价：45.00元　　　　　　　　　　　　　　　　　　版权所有　违者必究

普通高等教育艺术设计类专业『十三五』系列规划教材
编审委员会

主任：
周伟国　田卫平

副主任：
董国峰　戴明清　赵　佳　李志港　吕从娜　张丽丽　周艳芳
孙秀英　任志飞　潘　奕　王　航　韩禹锋　刘洪章　杨静霞

委员（按照姓氏笔画排列）：
丁凌云　于　杰　王兴彬　王　宇　尹宝莹　白　芳　冯笑男　刘玉立
刘　旭　刘思远　刘耀玉　安健锋　安琳莉　许　妍　许裔男　李龙珠
李肖雄　李兵霞　李晓慧　李硕慧　杨　漾　吴春丽　佟　强　宋　泽
张一丽　陆　津　陈　迟　欧阳安　尚　震　周冬艳　孟香旭　赵天华
姜　琳　姚民义　姚冠男　倪　鑫　徐　冰　徐一丽　郭　敏　黄志欣
崔云飞　康　静　魏玉香

前言

FOREWORD

"万丈高楼始于基。"入门对于任何事情都很重要,速写亦是如此。

进入手绘的大门要求也许不高,速写却不如此。速写常常透着事物真实、真切的姿态,过程中能融入多种艺术手法,然而画不出其自然状态下的韵味便是不成熟。因此速写需要扎实的基础功与勤勉的练习,手上没有对线条处理方法的掌握,脑子里不能对画面进行熟练处理,就画不出好的速写,更不用说惊艳、惊奇之作。

速写曾经是绘画艺术的一部分,如今作为行业需求变得独立出来,好的速写作品往往比精致的画作更能打动人心。无论是行业教学还是自我学习,用线条组成画面的速写要求画者对线条有充分的把握。线条是速写万丈高楼的基础,勤勉则是行千里艺术道路的根本。

纵观当下,传统手绘受到计算机和互联网时代的冲击,行业需求不应拘泥于一个方面。今年早些时候俄罗斯一团队研发出一款手绘滤镜软件,受到许多年轻人的追捧,使人不禁深思传统手绘的未来,好在当下行业尚存,真正喜爱用双手去创作的同胞尚存。

本书共分为 7 章,由杨凯老师负责本书组织、协调、统稿等工作。具体分工:许翔宇老师负责第 1、2 章的编写工作;万琳琳老师负责第 3 章的编写工作;

杨凯老师负责第4、6、7章的编写工作；侯建伟老师负责第5章的编写工作；姚冠男老师、石英老师、韩祺老师负责全书部分编写工作。经过几位老师共同努力，造就这样一本不拘一格的教科书，书中没有关于速成的技法，只有真实作品的改进对比，让读者在观摩学习中可以对自己的作品有评判。养成自我评判习惯，不断突破自己，远比学习他人结果更有意义。参与绘制作品的学生有接受过正式速写训练的，也有没渐染学院风气的，好在每个人已经形成了独立的风格，大家在一起学习交流，写书过程繁忙而有趣。

  书稿的顺利完成还得益于学生唐琦琪、张月利、叶凯旋、崔一凡、秦晓棠、董健、薛翔的辛勤付出；同时还要感谢对该书提出过意见和建议的每一位专家和学者。

  希望读者能读有所获，或是从一个初学者喜欢上速写，或是已经有速写功底的同学能在其中有所得有所思，亦或是批判书中作品。本书作者水平有限，如有疏漏之处，敬请指教。

《建筑速写》编写团队
2018年10月

目录
CONTENTS

第1章　建筑速写概述 - 1

  1.1　基本概念 - 2

    1.1.1　建筑速写概念 - 2

    1.1.2　建筑速写教学的目的 - 3

  1.2　材料与工具 - 5

    1.2.1　绘图勾线类 - 6

    1.2.2　辅助工具类 - 8

  本章小结 - 11

第2章　建筑速写构成要素 - 13

  2.1　建筑速写线条与结构要素 - 14

    2.1.1　线条的作用 - 14

    2.1.2　结构表达 - 16

  2.2　建筑速写透视要素 - 16

    2.2.1　一点透视 - 17

    2.2.2　两点透视 - 19

  2.3　建筑速写选景与构图要素 - 21

    2.3.1　选景要点 - 21

    2.3.2　构图要点 - 25

    2.3.3　尺度与比例 - 28

  2.4　建筑速写配景要素 - 31

    2.4.1　配景目的 - 31

    2.4.2　配景要点 - 34

  本章小结 - 37

第3章　建筑速写基础表现形式 - 39

  3.1　各类线条表现练习 - 40

    3.1.1　直线 - 40

    3.1.2　曲线、波浪线、曲折线、自由弯曲线 - 40

  3.2　调子表现练习 - 41

    3.2.1　直排调、重复调 - 41

    3.2.2　弯曲调、点块调、自由复合调 - 41

3.3 面块表现明暗光影关系练习 - 42
    3.3.1 立方体复合形体关系 - 43
    3.3.2 曲面复合形体关系 - 43
    3.3.3 多元化复合形体关系 - 44
本章小结 - 45

第4章 建筑速写元素表现形式 - 47

4.1 小型建筑元素表现 - 48
4.2 公共设施元素表现 - 50
4.3 环境人物元素表现 - 53
4.4 植物元素表现 - 55
4.5 装饰元素表现 - 60
4.6 其他元素表现 - 61
本章小结 - 65

第5章 建筑速写实例表现与步骤 - 67

5.1 现代城市环境建筑速写表现 - 68
5.2 乡村自然环境建筑速写表现 - 75
5.3 古迹文化环境建筑速写表现 - 81
5.4 度假游乐场所建筑速写表现 - 87
本章小结 - 93

第6章 建筑速写实例范画错误分析及矫正 - 95

6.1 透视表现实例错误分析矫正 - 96
6.2 基础线、调子实例错误分析矫正 - 97
6.3 光影关系实例错误分析矫正 - 102
6.4 综合实例错误分析矫正 - 108
本章小结 - 115

第7章 作品鉴赏 - 117

7.1 学生作品鉴赏 - 118
7.2 教师作品鉴赏 - 119
7.3 国外作品鉴赏 - 125

本章要点：

1. 建筑速写的含义与应用范围

2. 速写与建筑速写的区别与联系

3. 不同表现效果建筑速写的转化

4. 好的建筑速写该具备的要素

5. 建筑速写绘制中工具的选择与线条控制的重要性

6. 生活中建筑速写的应用

第1章
建筑速写概述

学习目标：
1. 明确建筑速写的不同表达所需要的绘制工具的选择
2. 绘制效果图时应用基本结构合理选景
3. 主观调整绘制图比例与尺寸
4. 掌握一定速写的绘制技能并应用于建筑速写中
5. 合理取舍景象并绘图

1.1 基本概念

建筑速写是建筑学、城市规划、景观设计、室内设计等专业教学造型体系中重要的组成部分，是在专业学习过程中必须要掌握的一门专业表现技能。建筑速写主要是训练观察力(眼)、记忆力(脑)和表现力(手)三者之间协调配合快速表现建筑形象的能力。

1.1.1 建筑速写概念

速写一词是随西方绘画的传入而产生的，有草图的含义，是素描的一种变式。速写是以绘画写生的表现方式，在较短的时间内，用简练概括的表现手法，描绘物象的一种绘画形式。素描是在相对比较长的时间里所做的造型研究性训练，而速写则更强调在较短的时间内抓住对物象的整体感受和形象特征，对物象进行提炼、概括的表现，是造型感受性训练。速写与素描都是造型艺术训练的必要方式，是相辅相成的，缺一不可。

建筑速写，顾名思义，就是以建筑形象为主要表现对象，用写生的手法，对建筑以及建筑环境进行快速表现的一种绘画方式（如图1-1所示）。它以建筑物为主要表现对象，同时也包含建筑环境所涉及的内容，如自然景物、植物、小品、设施、人物、车辆等内容（如图1-2、图1-3所示）。

◁ 图1-1　速写习作-1 学生作品

◁ 图1-2 速写习作-2 学生作品

◁ 图1-3 教堂 唐殿民

1.1.2 建筑速写教学的目的

建筑速写属于专业基础课的范畴。对于建筑学、城市规划、景观设计、室内设计等专业的学习而言，建筑速写既是对学生专业造型能力的训练，也是对学生专业美学意识的培养。专业造型能力的训练与建筑美学意识的培养直接关系到他们对专业设计课学习的领悟与表达。因此，建筑速写在建筑学以及相关专业的课程体系中，起着从造型基础阶段衔接、过渡到专业学习阶段的重要作用。

具体而言，建筑速写具有以下教学目的。

①通过对建筑速写学习，使学生了解建筑速写的绘画规律，掌握专业必备的表现能力，为今后各种快题设计、方案设计草图的表达，打下扎实、娴熟的造型能力基础（如图1-4所示）。

◁ 图1-4 乡间 许翔宇

◁ 图1-5 建筑练习 学生作品

◁ 图1-6 东方学院学生食堂 唐殿民

② 通过建筑速写训练，培养学生对建筑环境敏锐的观察力、鲜活的感受力、概括的表现力等方面的综合能力，同时逐步确立健康和正确的建筑艺术审美观，构建起建筑的审美意识（如图1-5所示）。

③ 通过大量的建筑速写写生，收集、积累各种建筑形象素材，了解各类功能建筑的外观形态特征，知晓各类建筑的外部构成要素及其规律，考察不同建筑风格的样式和特点，为今后的学习和工作做好必要的建筑认知、考察、研究等方面的准备工作（如图1-6所示）。

1.2 材料与工具

工具与材料在速写中起着重要作用。"工欲善其事，必先利其器。"速写工具与材料的选择，要将便于携带、表现形式、个人喜好、经济实用等因素结合起来加以考虑。

1.2.1 绘图勾线类

1.2.1.1 钢笔

钢笔画表现力强。其绘画工具(钢笔)便于携带，在用于建筑设计素材的收集、草图构思与方案表达上，均提供了一种十分便利、快速的图示语言与表达形式。钢笔主要有笔尖弯过的美工笔、普通钢笔、针管笔等（如图1-7所示）。

① 美工钢笔：笔尖弯过的美工笔，其线条的表现力很强，以不同的角度和力度能画出粗细变化的线条，且富有弹性。

缺点是：如果纸张、墨水使用不当而易堵塞，以至出水不畅，影响使用。

◁ 图1-7 钢笔

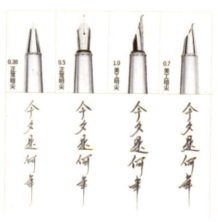

◁ 图1-8 普通钢笔与美工钢笔

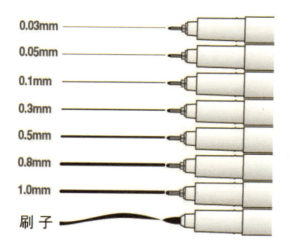

◁ 图1-9 针管笔

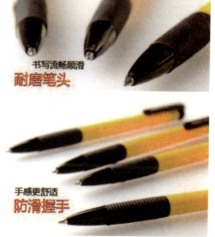

◁ 图1-10 圆珠笔

② 普通钢笔：写字用的钢笔，线条流畅粗细适中（如图1-8所示）。

③ 针管笔：易画出精细流畅的线条，不易快速画出大的块面（如图1-9所示）。

1.2.1.2 圆珠笔

圆珠笔笔芯内为油性材料，笔迹效果接近于钢笔，但过于光滑，不易快速画出大的块面，不易长期刻画表达(如图1-10所示)。

◁ 图1-11 铅笔

1.2.1.3 铅笔

铅笔有软硬之分，笔迹可深可浅、有反光，线条可粗可细，笔迹流畅，也可以画出丰富的明暗变化和对比强烈的块面，可以用橡皮擦改，不易保存（如图1-11所示）。

① H类铅笔：硬铅笔笔迹色淡、坚硬、流畅，易画细线，但不易画深色块面。

② HB类铅笔：不软不硬，笔迹深灰，易画线条。

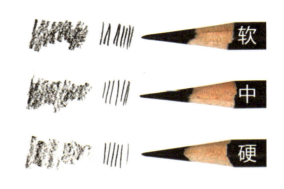

◁ 图1-12 炭笔

③ B类铅笔：软铅笔画线可粗可细，深灰色，可深可浅，易于画深浅不同的明暗、块面，笔迹柔和流畅。

1.2.1.4 炭笔

炭笔的性能基本同铅笔，但炭笔在用笔与纸张接触时稍感生涩，它的黑度超过铅笔，因此炭笔在黑白对比的表现上较之于铅笔更强烈一些（如图1-12所示）。

1.2.1.5 马克笔

马克笔是近年来被设计界广泛采用的一种绘图用笔，是做设计草图的理想工具，亦可用来画建筑速写。马克笔有多种颜色，其笔头较宽大，纵向可以画线，横向可以画块，排列笔触可表现面，在绘画时须掌握其笔型特点，使线条与色块达到有机的结合。马克笔可以单独使用，亦可与其他用工具和画法混合使用，如钢笔、

◁ 图 1-13　马克笔

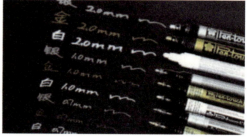

◁ 图 1-14　油漆笔

铅笔、淡彩等，效果更为丰富。但马克笔的价格相对较高，同时速写的画幅也不宜太大（如图 1-13 所示）。

马克笔又分为：粗杆中等笔尖与粗杆宽笔尖。

① 粗杆中等笔尖：线条粗壮、圆润有力。易于快速画出块面，概括力强，不易细节刻画。

② 粗杆宽笔尖：易于画块面，转动笔尖可以画出简洁、明快的笔触和线条。

1.2.1.6　其他笔类

除了以上常用的笔类外，可以用来画速写的还有彩色铅笔、色粉笔、油画棒、毛笔、油漆笔（如图 1-14 所示）等，绘画效果各有所长，比如彩色铅笔，色彩种类齐全，适合于做色彩渲染，可以单独使用，也可以与其他笔类配合使用。

1.2.2　辅助工具类

1.2.2.1　纸张

现在美术商店有已制成的多种开本速写簿，携带方便，基本上能够满足使用要求。此外，还可以在有色纸上进行铅笔或钢笔速写，色纸有成品出售，亦可自己制作，速写时根据场景的色调倾向选用适宜的色纸。画建筑速写对于用纸并无太高的要求，其基本要求是纸质不宜太薄、太脆，适合于速写用笔的特性等。一般说来，钢笔速写用纸要求纸质要有一定的厚度，纸面较平滑，吸水性适中，一般绘图纸、卡纸均可，打印纸稍差，但也可以用；铅笔速写用纸要求纸质不宜太平滑，最好有一定的摩擦度，以便于"吃铅"，素描纸效果较好。速写用纸还有多种选择，下面分述其种类及性能特点。

① 素描纸：其质较密实而光滑，用于钢笔、铅笔、炭笔速写均可（如图 1-15 所示）。

② 图画纸：其质稍薄软，略有吸水性，用于铅笔、炭笔、钢笔速写均可，用于

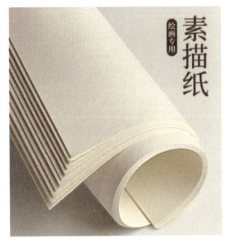
◁ 图 1-15 素描纸

◁ 图 1-16 图画纸

◁ 图 1-17 卡纸

◁ 图 1-18 水彩纸

钢笔淡彩速写效果也很好（如图 1-16 所示）。

③ 白报纸：又称新闻纸，纸质偏黄，用于铅笔、炭笔速写均可。

④ 毛边纸：纸质松，色偏黄，纸面稍涩，用于毛笔、炭笔速写均可。

⑤ 卡纸：正面白而光滑，反面灰而涩，用于钢笔、铅笔、彩铅、色粉笔、炭笔速写均可（如图 1-17 所示）。

⑥ 书写纸：又称办公纸，质脆，正面平滑，反面略粗，用于铅笔、炭笔、钢笔速写均可。

⑦ 复印纸：无明显正反面之分，厚薄及光洁度都较适中，适合于钢笔速写。

⑧ 水彩纸：水彩画专用纸，质地有纹理或颗粒状凹凸，适合于水彩速写（如图 1-18 所示）。

1.2.2.2 画夹

画夹是最常见的画具之一,可选大小适中的,画夹内放速写用纸,画速写时用夹子夹住画纸,方便实用(如图1-19所示)。

1.2.2.3 墨水

用作钢笔画的墨水,一般以碳素墨水为宜(如图1-20所示)。写生时,钢笔如果下水不畅,要及时用水清洗,或用薄刀片清理下笔尖,以确保线条的流畅性。钢笔长期不用应清洗放置。

◁ 图1-19 画夹

1.2.2.4 橡皮

橡皮用于清洁、擦除错误及缓和色调,有硬橡皮、可塑橡皮等,在建筑速写中不宜多用(如图1-21所示)。

1.2.2.5 定画液

定画液用于防止作品被弄脏或者被弄模糊。喷涂时应注意,不要弄湿作品,可先薄薄地喷涂一层,干后再喷一层。定画液的类型分为:简易型,即无光图层;永久型,即固定,有光泽。素描速写作品一般用简易型定画液(如图1-22所示)。

◁ 图1-20 墨水

◁ 图1-21 橡皮

◁ 图1-22 定画液

本章小结

建筑速写是建筑学、城市规划、景观设计中必须掌握的一种重要技能,也是环境设计中必不可少的组成部分。把三维世界转化为平面绘制图,在平面中体现立体效果是建筑速写存在的重要意义之一。线条的流动性、肯定性,结构的合理性、完整性,是评判建筑速写作品好坏的重要因素。通常情况下,建筑速写的绘制工具大多为钢笔、铅笔、马克笔等,初学者一般用一点透视去表现,但两点透视会更好地展现和贴近实际效果。

思考练习

① 复习本章小节所讲的知识点,思考建筑速写是哪些学科的重要组成部分。

② 建筑速写是以建筑物为表现对象用绘画手段来表达的,尝试着在周边生活中寻找不同风格的建筑予以观察。

③ 尝试课下摆脱尺规手绘直线线条练习。

本章要点：

1. 明确建筑速写的透视关系
2. 不同线条的不同表现效果
3. 构图的位置怎样划分更合理
4. 一点透视与两点透视的区别和应用
5. 掌握建筑速写的构成要素并熟练应用
6. 可根据实际绘制一点透视图和两点透视图

第 2 章
建筑速写构成要素

学习目标：
1. 手绘中线的表现
2. 熟练应用一点透视、两点透视
3. 完成完整的手绘建筑效果图
4. 透视图精准明确
5. 合理取舍绘制图中的主次部分
6. 用建筑速写表现出照片中的内容

2.1 建筑速写线条与结构要素

2.1.1 线条的作用

建筑速写以线条为最基本表现手段。线条对于速写,就像人身体中的骨骼一样,人有了骨骼才能支撑起整个躯体。建筑速写是用线条作为骨骼来支撑起整个建筑形象的。线条在建筑速写中有以下两方面的作用。

2.1.1.1 表现建筑速写的轮廓和结构

建筑形象的形成靠线条来表现。外轮廓线用以区别建筑物本身外形与背景的关系,我们可以将其称为建筑的剪影线;内轮廓线表现建筑物各立面上的内容关系,如建筑的门窗构件、墙体的转折凹凸、结构的连接穿插等关系。这两方面的线条组织起来,就能够完整地表达出建筑的形态关系了(如图2-1、图2-2所示)。

2.1.1.2 表现建筑速写的审美趣味

线条在速写表现中有多种形式,比如粗细、曲直、虚实、疏密等,而不同线条

◁ 图2-1 线条的作用 许翔宇

◁ 图 2-2 线条的轮廓与结构的作用 许翔宇

通过组合、排列可以产生不同的效果，所表现出的建筑速写就会呈现出不同的审美韵味。在画速写时，应根据所表现对象的特点和现场感受来决定用线的形式，才能做到线条与内容的有机结合，速写效果生动感人（如图 2-3、图 2-4 所示）。

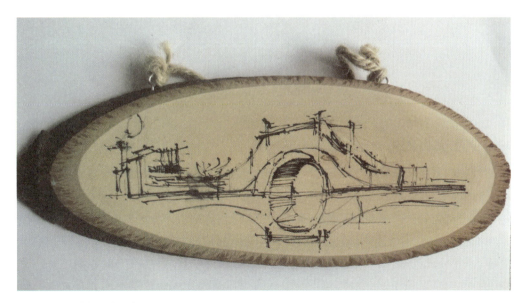

◁ 图 2-3 水中桥 许翔宇

◁ 图 2-4　建筑快写　唐殿民

2.1.2　结构表达

结构性是建筑速写最鲜明的特征。建筑是一个三维构造体，无论是整体的建筑构成，还是局部的建筑构件，都是以结构的方式来完成的。我们前面讲过，线条是速写的基本手段，线条的最终目的是要正确表达建筑的形象和结构。要能够有效地表达结构，首先需要画者对建筑结构有一个正确的认识和理解，从建筑的面、块、体出发，理解它们之间的组合关系，然后才能用线条有的放矢地加以表现。结构感表达出来了，建筑速写的厚度与力度就有了。由于建筑的体量比较大，对其结构的理解和把握不像对几何体那么直接，比较容易陷入到局部和细部的描述中去，这就需要在观察上更整体、更概括，在理解上更强调逻辑性，只有在整体把握和概括的基础上，才能将建筑的结构特征、形态特征、结构美感表现出来。

2.2　建筑速写透视要素

进行室内外建筑速写创作时，都有一个绘图的技法、技能问题，即透视。透视是绘制建筑速写最重要的基础。就算有着高超的绘图技巧，如果在透视方面出了差错，那所完成的建筑速写是毫无意义的。因此，在探讨表现技法的实例之前，就得先对透视有充足了解。绘制室内外建筑速写时必须掌握透视学的原理以及判断能力。一张好的建筑速写必须符合几何投影规律，较真实地反映特定的环境空间效果。如果我们假设在眼睛前及物体之间设一块玻璃，把玻璃假设为画面，那么在玻璃上所反映的就是物体的透视图，这块玻璃距离眼睛的远近就决定了物体在画面中的大小。

透视图的基本原则有两点：一是近大远小，离视点越近的物体越大，反之越小；二是不平行于画面的平行线其透视交于一点，透视学上称为消失点。

在绘制建筑速写时，第一步就是要确定建筑物的透视轮廓，怎样画透视轮廓才能够做到既准确又快速简便呢？为了保证准确，首先必须使所画的轮廓线符合透视原理，但是，这也不是要求我们像做投影几何习题那样，对每一根线条不论是大轮廓或是细节，都必须用透视的原理去求，因为这样做太繁琐了。一幢建筑物即使规模不大，若对每一条线都要求这样去求，不仅太麻烦而且也没有必要，只要保证建筑物在大的轮廓和比例关系上基本符合透视作图的原理就够了。至于细节，多半是用判断的方法来确定。因而，在建筑速写的实际写生作画中，多是凭经验和感觉来画透视轮廓的。

2.2.1　一点透视

一点透视，也称平行透视。以立方体为例，也就是说我们是从正面去看它，这种透视具有以下特点：构成立方体的三组平行线，原来垂直的仍然保持垂直；原来水平的仍然保持水平；只有与画面垂直的那一组平行线的透视交于一点。而这一点应当在视平线上，这种透视关系叫一点透视（如图2-5所示）。

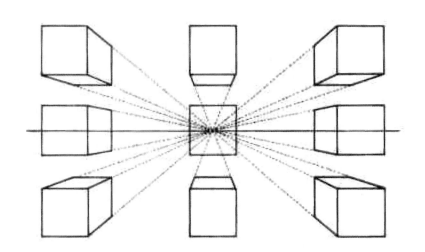

◀ 图2-5　一点透视　许翔宇

以一点透视画建筑速写，首先在画面适当的位置画一条水平线(视平线)，然后再画一条垂直线，相交点作为灭点，从灭点画出多条放射线，这些线就是将要画的建筑物的透视关系线，最后依据透视关系线画出建筑物。建筑物上面的所有与画面垂直的水平线的透视，都是按照从灭点放射的透视线来确定的。

　　用一点透视法可以很好地表现出建筑的远近感和进深感，透视表现范围广，适合表现庄重、稳定的环境空间。不足之处是构图比较平板。一点透视常用来表现延伸的街道和宽阔的广场等，在室内场中选用，更可营造出空间宽的感觉（如图2-6、图2-7所示）。

◁ 图2-6　西塘　学生作品

◁ 图2-7 老巷子 许翔宇

2.2.2 两点透视

仍以立方体为例，我们不是从正面去看它，而是把它旋转个角度去看它，这时除了垂直于地面的那一组平行线仍然保持垂直外，其他两组纵深平行线的透视分别消失于画面的左右两侧，因而产生两个消失点，而这两个点都应当在视平线上，这就是两点透视，也称成角透视（如图2-8所示）。

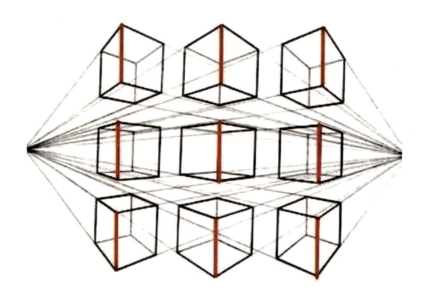

◁ 图2-8 两点透视 许翔宇

　　以两点透视画建筑速写，画面生动，透视表现直观、自然，接近人的实际感觉。绘画时角度选择要十分讲究，否则容易产生变形（如图2-9、2-10所示）。

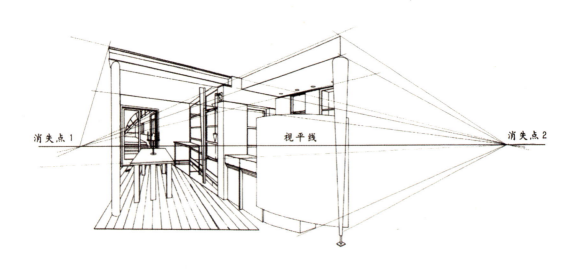

◁ 图2-9 成角透视 许翔宇

<图 2-10　清真寺　唐殿民

2.3　建筑速写选景与构图要素

2.3.1　选景要点

2.3.1.1　画面的观察与选取

画建筑速写时我们首先是观察，观察中面临的首要问题是对景物的选取，发现我们想要绘制的、触动心灵的内容。无论我们选出的是什么，都是对审美能力的一种训练与提高（如图2-11、图2-12所示）。

◁ 图 2-11 街景一角 学生作品

< 图 2-12 道外 学生作品

2.3.1.2　画面的框景选择

画者决定所画的内容，无论是风景还是建筑，都要选择最佳的视角，同时还要注意主景周边的情况，是否与画者表现要求相符合（如图2-13、图2-14所示）。

◁ 图2-13　周庄　许翔宇

◁ 图 2-14 教堂一角 唐殿民

2.3.1.3 画面的取舍与组织

现实场景中的建筑与环境时常是非常杂乱的,要有所取舍并重新组织画面,需要我们通过主观处理,把杂乱的场景进行概括(如图2-15、图2-16所示)。

2.3.2 构图要点

2.3.2.1 构图基本形式

构图的基本形式要求其结构极端的简约,一般概括为基本的几何形构图,构成总体框架。它应对画面一切复杂的形象作最简单的概括和归纳,使杂乱、琐碎的物

◀ 图 2-15　照片与速写的取舍对比（哈尔滨工业大学主楼）　许翔宇

◀ 图 2-16　照片与速写的取舍对比（横道河子写生基地）　唐殿民

象统一在简约的几何形中，突出主体形象的特征。结构鲜明的基本几何形用在构图上只是取其近似值，具体的和个别差异变化是多样的，更何况有些构图很难找到其基本形式。因此，没有一幅构图是雷同的，只能有近似的情况。下面提示一些构图总体框架的基本形式（如图2-17、图2-18所示）。

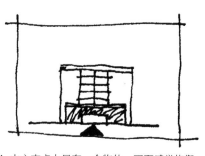

1. 中心支点上只有一个物体，画面感觉均衡

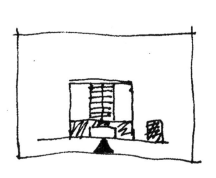

2. 中心支点右侧加了一个物体，画面向右倾斜

3. 中心支点左侧有一个物体，画面向左倾斜而失衡

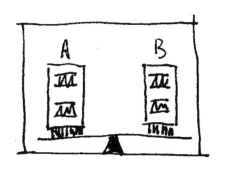

4. A、B物象距中心支点距离相等，物象大小相同，画面感觉均衡，属于对称均衡

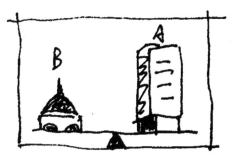

5. A物象大，距中心支点近，B物象小，距中心支点远，画面感觉均衡，属非对称均衡。在构图重大体量的均衡是非对称式均衡

◀ 图2-17 构图总体框架-1 许翔宇

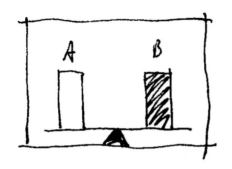
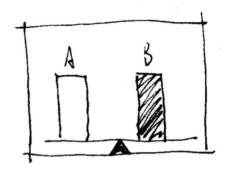

A、B物象等大,距支点距离相等,但B物象色深,感觉比浅色A物象重,画面向右倾斜,有不均衡感

B物象向左移动能获得画面的均衡;改变B的深色调或在A旁增加物象等,都可以达到画面的均衡。在写生时依据画面均衡需要,针对景物可以改变因素,主动调整物象的大小、深浅和位置,使不利于画面的均衡因素转变为有利因素,达到画面均衡的效果

◁ 图2-18　构图总体框架-2　许翔宇

2.3.2.2　画面的节奏

在构图中,通过将各个局部的强弱不同的对比关系进行合理组织,组成有变化的序列,就形成了画面构图的节奏。一幅建筑速写完整的节奏序列,应以建筑主体为视觉中心,是节奏变化最强烈的部位,画面的视觉中心并不一定是画面中央,而是指视觉上最有情趣的部位。画面中的其他部分应为这一中心服务,节奏变化渐次减弱。

建筑速写构图中的前景、中景、背景这三个大的层次关系要有主次之分。如果以前景和中景组成画面,构图中心或重点在前景,前景要重点刻画,节奏变化要强烈,减弱中景的节奏变化,使画面节奏序列清晰、层次分明、有主有次。节奏在构图中起着突出主体,使画面产生韵律美的作用(如图2-19所示)。

2.3.3　尺度与比例

2.3.3.1　建筑速写的尺度把握

建筑是由最基本的三维尺度来度量的,长、宽、高的三维尺度是决定一幢建筑形态最基本的要素。因此,画建筑速写时,对建筑及建筑环境的尺度要有一定的了解和把握。但要注意,并不是要在画之前真的去测量房屋的尺寸,而是要通过观

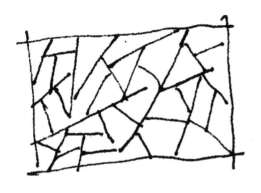

对比重复,节奏单调

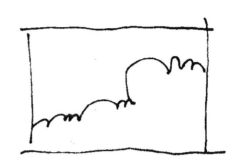

弧形大小相同,高低起伏,节奏富有变化

空间分割,疏密平均,节奏单调呆板

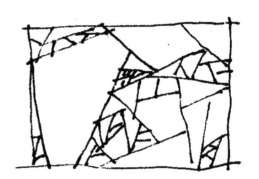

形大小相异,组成疏密对比,节奏富有变化

◁ 图 2-19　节奏　许翔宇

察,建立起对建筑的尺度感。要在速写的实践中逐步建立起良好的尺度感,如建筑物的尺度感、建筑环境的尺度感、人的尺度感等,不仅对于画建筑速写是必需的意识,也有益于在建筑设计中基本素养的确立。因此,建筑速写的过程应该是训练感觉和把握表达建筑尺度的过程(如图 2-20、图 2-21 所示)。

2.3.3.2　建筑速写比例的把握

比例关系的掌握在建筑速写中是非常重要的。实际上,比例关系就是建筑场景中所包含的物象尺度之间的一种关系。建筑速写中对比例关系的把握有两个方面的含义:一是指在画建筑速写时,要注意建筑物本身、建筑物之间、建筑物与环境之间、建筑物与人之间等方面的比例关系,并加以正确表现;二是指建筑速写写生中对画面构图的把握,由于建筑速写的画幅相对较小,一般为 8 开或 16 开,在这样的

◁ 图 2-20　建筑的尺度与比例　唐殿民

◁ 图 2-21　建筑环境尺度的比例关系　唐殿民

◁ 图 2-22 建筑之间的比例关系 唐殿民

画面上表现大体量的建筑，就需要掌握好真实建筑与速写画面构图的比例关系。实际上，建筑速写就是一种缩小比例的画法。只有把握好比例关系，建筑速写才能在方寸之间表现出真实可信的建筑场景效果（如图 2-22 所示）。

2.4 建筑速写配景要素

2.4.1 配景目的

建筑物是不能孤立存在的，它总是存在于一定的自然环境中。因此，它必然和自然界中的许多景物密不可分。

建筑配景是指画面上与主体建筑构成一定的关系，帮助表达主体建筑特征和深化主体建筑内涵的对象（如图2-23～图2-25所示）。建筑配景对于我们来说也是十分重要的，出现在画面中的树木、人物、车辆等尽管都是些配角，却起着装饰、烘托主体建筑物的作用。在它们的掩映下，使较为理性的建筑物消除了枯燥乏味的机械之感，而显得生机蓬勃、丰富多彩。如果没有这些配景，画出的建筑可能和真实的现场有很大的距离，而更似建筑模型。

◁ 图2-23　灌木　许翔宇

图2-24 植物 许翔宇

◀ 图 2-25　人物　许翔宇

2.4.2　配景要点

建筑速写配景宜以人物、植物和车辆等为主。人物的大小前后及衣着姿态对于烘托空间的尺度比例、说明环境的场合功能很有作用；植物的形态最能表现地区气候特征，热带的树木挺拔疏朗、温带的树木兼而有之；车辆安排得当能够平衡构图、给画面带来动感。

这些配景是建筑速写表现中重要的一环。画面配景的安排必须以不削弱主体为原则，不能喧宾夺主，配景在画面所占面积多少、色调的安排、线条的走向、人物的神情动作，都要与主体配合紧密、息息相关，不能游离于主体之外。

由于画面布局有轻重主次之分，所以位丁画面上的配景常常是不完整的，尤其是位于画面前景的配景，只需留下能够说明问题的那一部分就够了。配景贪大求全，主体建筑反而会削弱。要从实际效果出发，取舍配景，把握好分寸感是配景的要点（如图2-26、图2-27所示）。

◁ 图2-26 配景-1 许翔宇

图 2-27 配景 -2 许翔宇

本章小结

　　建筑速写的手绘图绘制需要对一点透视、两点透视的大关系透视做到明确，并能简洁明了地表现出来。二者之间，一者简洁明了，一者自然，贴合于实际。很好地保持画面节奏、注意平衡与对称、控制画面大小与整体布局，对于建筑速写来说也是必不可少的。建筑速写在注重美观的同时，也要保证画面完整；尊重图片，真实性也是最重要的，不可忽略。

思考练习

　　① 复习本章小节所讲的知识点，思考建筑速写线条与结构要素。
　　② 一点透视和两点透视哪一个透视表现得更直观、自然，接近人的实际感觉？
　　③ 在画建筑速写时，你是否掌握了绘画规律，加深了对环境的认知？
　　④ 尝试临摹图2-5、图2-8，掌握两种不同的透视方法。

本章要点：

1. 建筑速写中各类线条的表现形式

2. 调子的表现形式及练习

3. 体面之间的明暗光影关系

4. 掌握各种线条的表现形式（快线、缓线、曲线），

不同调子的表现形式（直排、重复、弯曲）以及

体面间明暗光影关系（立体复合、曲面复合、

多元化复合）是建筑速的基础

第3章

建筑速写基础表现形式

学习目标：

1. 明确快线、缓线、曲线的表现要点
2. 理解直排调、重复调、弯曲调的含义并学会怎样排列
3. 找寻体面间的光影关系
4. 理解立体复合、曲面复合、多元化复合的含义并学会用不同的线条组成形式不同的面

3.1 各类线条表现练习

3.1.1 直线

直线的表现有两种可能,一种是徒手绘制,另一种是利用尺子绘制。"力"的把握恰恰是手绘表现的魅力之一(如图3-1、图3-2所示)。

① 快线:快速、均匀。
② 缓线:缓慢、随意。

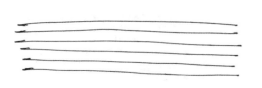

◁ 图3-1 直线

◁ 图3-2 直排调

3.1.2 曲线、波浪线、曲折线、自由弯曲线

手绘表现中曲线的运用是整个表现过程中十分活跃的因素。在运用曲线时,一定要强调曲线的弹性、张力。画曲线时用笔一定要果断、有力,要一气呵成,中间不能断气,也不能出现"描"的现象,即用笔虽然连贯但犹豫、无力(如图3-3所示)。

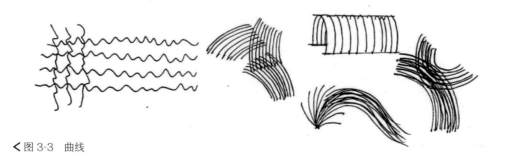

◁ 图3-3 曲线

3.2 调子表现练习

调子的好坏直接关系到画面的质量，多种调子运用得当可以有效地丰富画面。

3.2.1 直排调、重复调

画调子时，要方向一致，疏密得当，一笔是一笔，不要连笔；下笔不要太重，轻起轻收，手要放松，不要盲目用力。画调子不是画线，而是画面，手腕来回摆动，而不是手指或胳膊用力（如图3-4所示）。

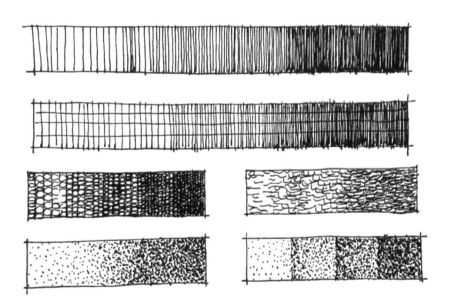

◁ 图3-4　调子

3.2.2 弯曲调、点块调、自由复合调

画调子时要注意调子走向，不要打十字线（如图3-5所示）。为了画面的整体感，要善于运用调子，力求整洁，不要过于繁杂（如图3-6所示）。如若处理不当，会使画面看起来脏乱，整体过于偏暗，影响画面。

◁ 图3-5 学生作品-1

◁ 图3-6 学生作品-2

3.3 面块表现明暗光影关系练习

建筑表现基础是从体块光影关系到立面思维的推敲训练、材质的表达等，通过这些基础的训练能让初学者快速掌握手绘表现的基本要点。

一幅优秀的手绘表现图是由无数的细节组成，由此可见扎实的基础训练是快速表达的保障。在本节我们将详细讲解体块复合形体关系及体块光影关系。

立体的面，归纳起来不外乎平面与圆曲面两类。

3.3.1　立方体复合形体关系

体块是塑造形体空间的关键，任何一个立体的物体都将以一个体块的形式出现，物体受光后会产生受光面、灰面、背光面、反光及投影，我们简单地用黑、白、灰来概括物体的明暗关系（如图3-7所示）。

3.3.2　曲面复合形体关系

圆曲面是由许多弯曲转折的线相对旋转重叠而成，每一面上都具有一定的明暗变化，所以圆面的明暗层次比平面多，从浅到深逐步地过渡，变化比平面复杂。全球体的明暗调子分布呈圆周形扩展，明暗变化从圆球上一小块与光源垂直的亮调子，开始向四周扩散逐渐过渡为灰调子，最后到投影为暗调子，亮、灰、暗三大关系的变化不像立方体那样单纯明确（如图3-8所示）。

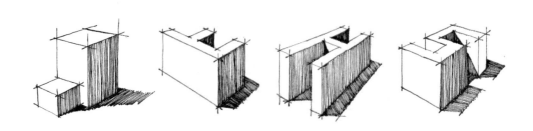

◁ 图3-7　学生作品-3

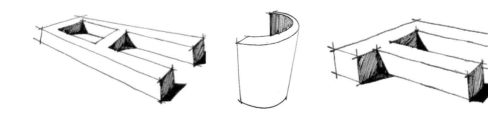

◁ 图3-8　学生作品-4

3.3.3 多元化复合形体关系

排调子前要先观察物体的结构,排调子时层层加深,不要用力乱涂。物体透视关系是排调子的基本,正确抓住物体明暗交接,就能很容易表现出物体的立体层次(如图3-9、图3-10所示)。

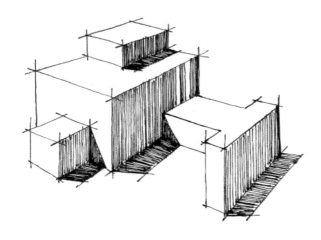

< 图3-9 学生作品-5

< 图3-10 学生作品-6

本章小结

在建筑速写中，线条的表现形式多种多样。不同的形式会带给人们不同的感觉，也会体现出画者所传达或者想传达出的思想感情，比如宁静安然、热烈喧嚣，甚至带给人力量。这是好的形式所共有的，它们体现于线条：笔直的、弯曲的、波浪的……同时，明确的明暗划分，工整调子的组合排列，也是绘制图加分项的不二选择。掌握好这些表现形式，会对未来的学习奠定良好的基础。

思考练习

① 运用曲线时是否强调了曲线的弹性、张力？用笔应该注意什么样的问题？

② 思考物体受光会产生什么样的明暗关系。

③ 尝试画出调子的直排、重复、弯曲和自由复合调这几种形式。

④ 尝试临摹图3-10，A4两张。

本章要点：

1. 建筑速写元素表达是建筑速写不可缺少的表现形式。
它是体现建筑类型、人文景观、植物装饰重要手段

2. 通过六小节的学习，掌握基本的建筑速写元素表达技法

3. 学习与思考本章所讲的知识点，
如何把表达手法应用到实际生活中，如何更加深入刻画等

第4章
建筑速写元素表现形式

学习目标：
1. 通过对实体建筑、景观或图片的观察，了解不同种类的建筑速写的表现形式
2. 熟练掌握各种建筑速写元素的表达形式，从而让作品更加丰富多彩，更加完善

4.1 小型建筑元素表现

建筑是速写表现中不可或缺的表现元素,建筑设计是一个比较复杂的工作,能以速写的形式对头脑里的小型建筑进行表现是设计师必备的能力。

小型建筑是人们日常生活中和进行社会活动时不可缺少的场所,在城市建设中小型建筑起着重要作用。我们在速写时要对整个画面的整体进行把控,不论是圆形、方形或者其他形式的小型建筑组合造型都是具有基本骨架的。绘画时用线不仅要松还要有形,张弛有度(如图4-1所示)。

在一定的空间内对小型建筑元素进行表现,要有虚有实、主次分明,使其独具风格特色的同时又不失大体的统一。在遇到具有建筑美的小型建筑时,不妨把它画下来,而不是用相机拍照,因为这对一个设计者来说才是记录生活的最好方式,用心体会建筑美并进行表达(如图4-2所示)。

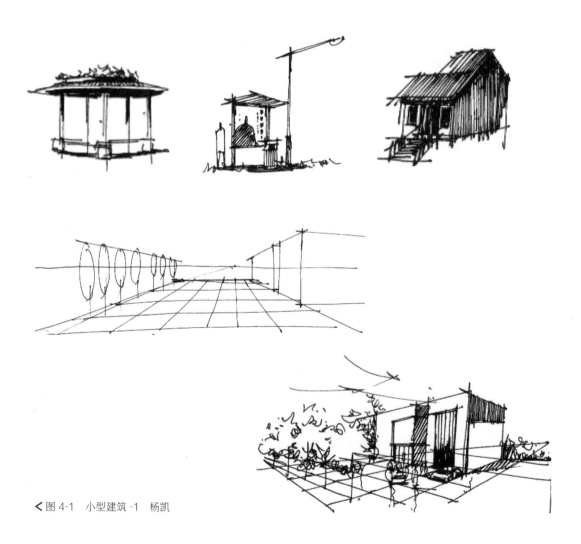

◁ 图4-1 小型建筑-1 杨凯

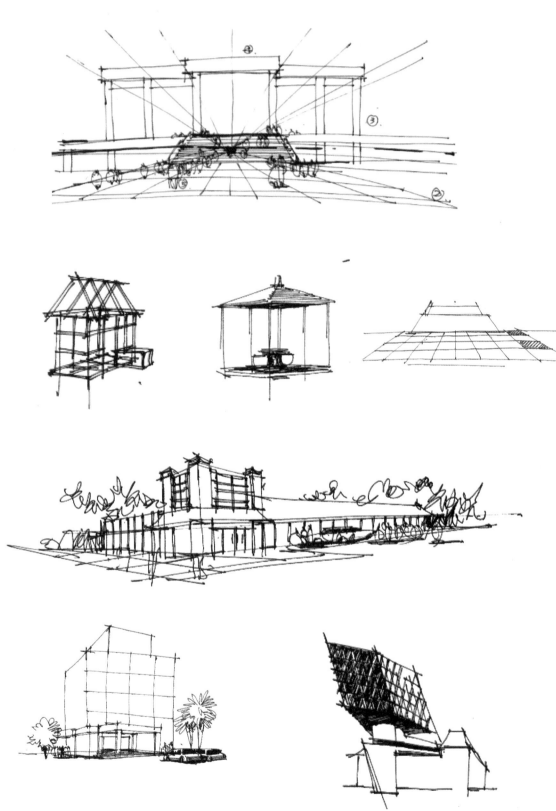

◀ 图 4-2 小型建筑 -2 杨凯

4.2 公共设施元素表现

在当今的城市生活中,我们离不开各种各样的公共设施。公共设施作为城市景观的重要组成部分,自然是不容忽视的(如图4-3所示)。

公共设施元素的速写不仅要在周围环境中不违和,还要注意其本身的动态和结构。公共设施的发展程度也间接的表现着城市风貌,要注意其中间的思维表达,让纸上的元素具有生命力(如图4-4所示)。

◁ 图4-3 公共设施-1 杨凯

图 4-4 公共设施-2 杨凯

公共设施的元素主要表现在公共空间、城市环境之中，是组成行为场所的要素（如图4-5所示）。

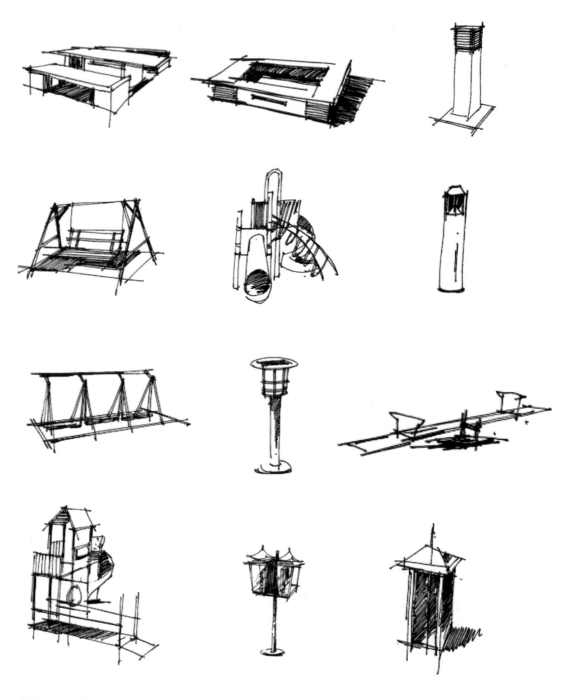

◁ 图4-5　公共设施-3　杨凯

4.3 环境人物元素表现

就建筑速写而言,其表现内容繁多,环境人物元素的表现是相对困难的,而在一张完整的建筑速写的表现中,环境人物元素是点睛之笔(如图4-6所示)。

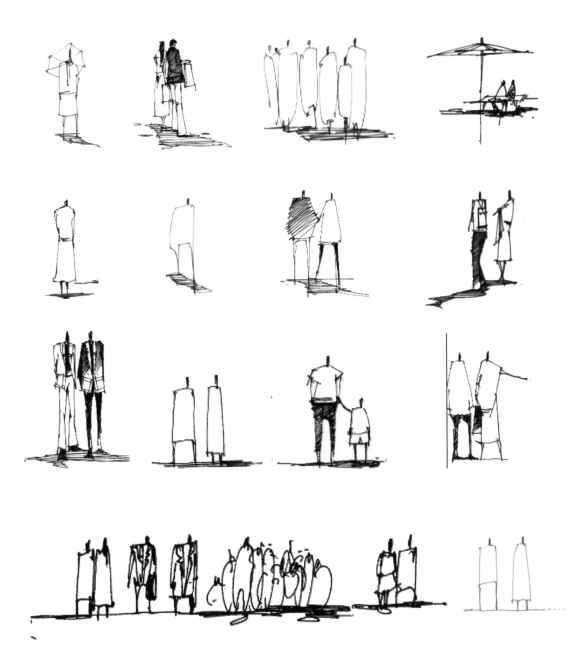

◁ 图4-6 环境人物-1 杨凯

如果想让一张建筑速写尽可能完整，自然少不了人物的点缀，要想清晰表达，就要将人群三五成群分组，注意主次和虚实，一定要抓住人物的大体动态，用笔要轻重结合，不要一味地追究一根线的细节（如图4-7所示）。

◁ 图4-7 环境人物-2 杨凯

4.4 植物元素表现

植物元素的表现应当充分考虑其与建筑主体的搭配关系，画面的远近植物的处理手法是不相同的。

常绿植物、落叶植物、水生植物，不同植物的表现手法也不相同，应根据其独特的生长姿态对其进行表现。植物外轮廓的形体是丰富多姿的，绘画时应避免呆滞（如图4-8、图4-9所示）。

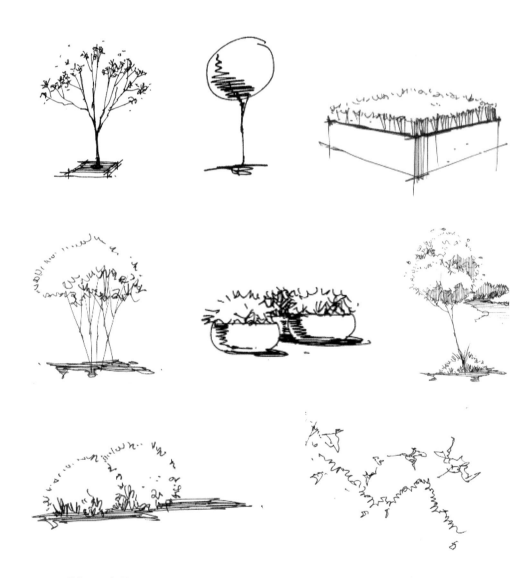

◁ 图4-8　植物-1　杨凯

图 4-9 植物 -2 杨凯

植物元素主要是在画面中起到协调画面的作用。乱线、线描、阴影、体块等多种表现手法可以使植物元素配合画面不同的整体风格（如图4-10所示）。

◀ 图4-10 植物-3 杨凯

通过多角度、多层次分类，尽可能全面表现植物元素的形态。在刻画的过程中，注意对线条的基本要求，建立丰富的植物元素体现，方能达到应用自如的目的（如图4-11、图4-12所示）。

◁ 图4-11 植物-4 杨凯

图 4-12 植物 -5 杨凯

4.5 装饰元素表现

装饰元素单体作为构成画面的重要元素,不仅是自身美感的表现,更会影响整个建筑速写的节奏(如图4-13所示)。

◁ 图4-13 建筑装饰 杨凯

4.6 其他元素表现

设计是一种创造性的思维劳动,也是从无到有的过程。建筑速写作为众多设计表现方式中的一种,其表现手段结合了多种元素。在刻画过程中,要注重所表现元素的明暗、结构特征(如图4-14所示)。

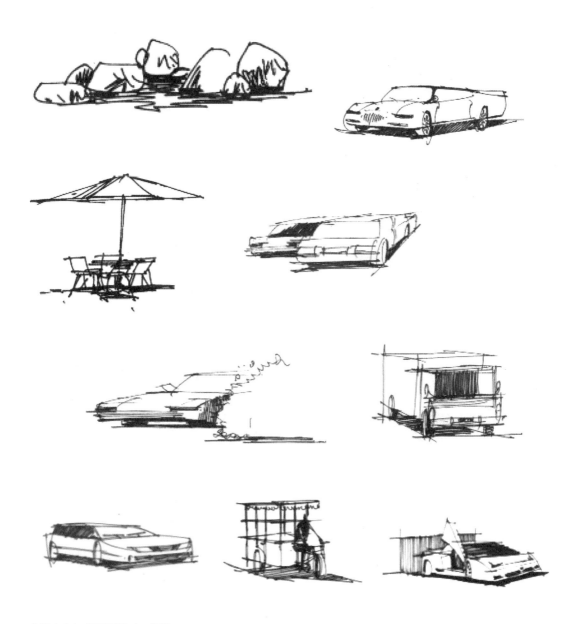

◁ 图 4-14 配景元素 -1 杨凯

建筑速写中小品的表现多样，单体造型的形式美感和协调比例是重中之重（如图4-15~图4-17所示）。

◁ 图4-15 配景元素-2 杨凯

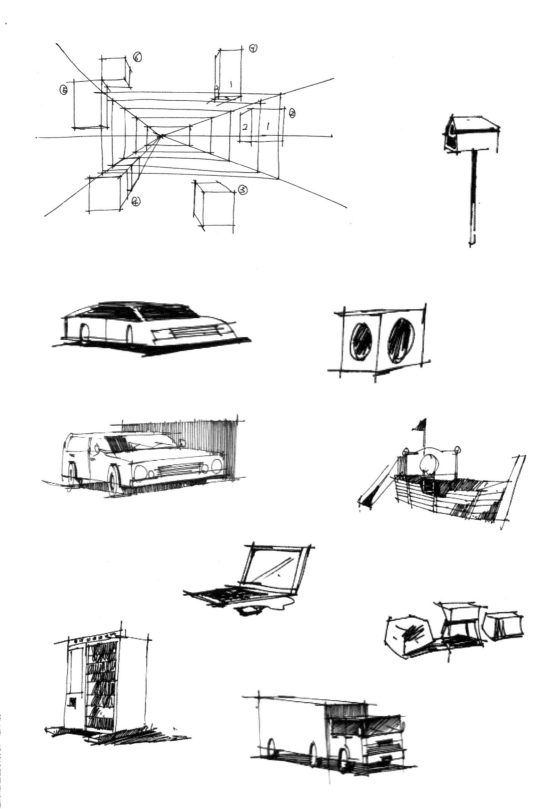

< 图 4-16 配景元素 -3 杨凯

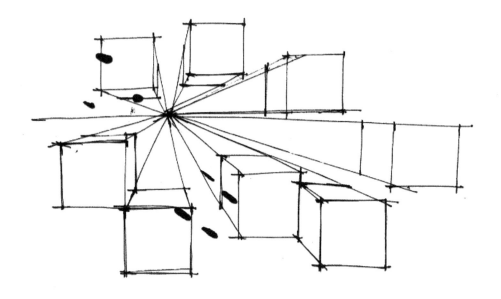

◀ 图 4-17　配景元素 -4　杨凯

本章小结

建筑速写元素无处不在，我们应该用自己敏锐的眼睛去发现生活中的建筑、景物速写元素，多使用画笔或相机去记录这些宝贵的学习资料，不要错过任何一个可以提升自己绘图技巧的机会。

思考练习

① 复习本章小节所讲的知识点，思考如何更加完善的表现不同风格的建筑的建筑速写元素及其周边景物元素。

② 临摹本章节中的建筑、植物速写元素。

③ 在现实生活中寻找不同风格的建筑、不同种类的植物，对这些建筑、景物、基本元素进行写生与仔细刻画。

本章要点：

1. 建筑速写实例观察

2. 处理建筑物位置关系

3. 建筑物建筑速写的表现形式

4. 建筑物建筑速写的表现手法

5. 建筑速写绘图步骤

第 5 章

建筑速写实例表现与步骤

学习目标：

1. 了解建筑速写的表现形式
2. 熟练运用空间透视原理
3. 掌握绘图手法，谨记绘图步骤

5.1 现代城市环境建筑速写表现

在掌握透视原理的基础上，现代城市环境建筑速写是更加具有深度的空间表现形式，为今后的室外景观建筑设计规划效果图设计起着铺垫的作用，它的表现形式可以多种多样，从环境建筑速写中就可以发现环境艺术设计不可抵挡的魅力。

> 范例一

① 观察现代城市环境建筑实体或图片，了解现代建筑的基本特征、结构构造以及空间中的透视关系（如图5-1所示）。

② 先用铅笔定出建筑的大概位置，相互之间在空间中的透视关系以及比例关系，确立构图样式（如图5-2所示）。

③ 用针管笔准确的勾勒出建筑的形体，注意相互之间的疏密关系和位置的穿插（如图5-3所示）。

◁ 图5-1　范例一——建筑照片

◁ 图 5-2 范例———确定位置 侯建伟

◁ 图 5-3 范例———勾勒形体 侯建伟

④ 画出暗部表现建筑的前后空间关系，大概画出建筑物前和附近的树木，注意建筑与树木的明暗对比（如图5-4所示）。

⑤ 在多个建筑物并列时，突出视觉中心，重点刻画细节，表现出画面的主次感，使画面生动有张力，用简单的波浪线勾勒出海景，使画面更加的完整（如图5-5所示）。

◁ 图5-4 范例一——空间关系 侯建伟

◀ 图 5-5 范例一——深化细节 侯建伟

范例二

① 观察图片，了解结构构造、空间透视（如图 5-6 所示）。

② 用铅笔勾勒出大致的轮廓，注意透视关系、物体之间的大小联系与空间关系（如图 5-7 所示）。

③ 有了底稿后就可以用针管笔以快速准确的线条勾勒出具体的建筑物形体，并表现出基本特征（如图 5-8 所示）。

④ 在建筑几个面表现出来，但较为模糊的时候，提炼出暗部来表现建筑的前后关系（如图 5-9 所示）。

◁ 图 5-6 范例二——建筑照片

◁ 图 5-7 范例二——确定位置 侯建伟

◁ 图 5-8　范例二——勾勒形体　侯建伟

◁ 图 5-9　范例二——明暗关系　侯建伟

⑤ 在建筑物表面材料不突出时，需要适当夸张地表现出材质，以丰富画面的质感。注意刻画视觉中心，压住画面，边缘可适当简化，给人一种延伸感（如图5-10所示）。

◁ 图5-10 范例二——深化细节 侯建伟

5.2 乡村自然环境建筑速写表现

"乡村自然环境速写"相对于我们前一小节所讲的"现代城市环境建筑速写",它更加注重建筑物与周围景物植物之间的关系,在表现手法上也更加丰富。

范例三

① 注意构图比例,观察房屋特性,近大远小(如图 5-11 所示)。

② 先用铅笔起形,先画最基本几条透视线,注意远处的屋子不要太高,留出天空的位置(如图 5-12 所示)。

③ 在铅笔稿的基础上,我们可以用钢笔画出房屋大概的形体结构、所占位置的大小,这一步不要刻画太多细节(如图 5-13 所示)。

④ 从屋顶的瓦片开始刻画,远处的屋顶瓦片不用面面俱到。光从左边过来,左边瓦片用线少一些,墙根加点光影,区分出明暗关系,注意用线的疏密、线条的粗细等(如图 5-14 所示)。

⑤ 重点刻画视觉的中心,以及近处的房屋,刻画时线条要密一些。线条要有变化,有短线、长线、竖线、横线等,最后还要注意画面整体的调整,注意近实远虚(如图 5-15 所示)。

◁ 图 5-11 范例三——建筑照片

◁ 图 5-12　范例三——确定位置　侯建伟

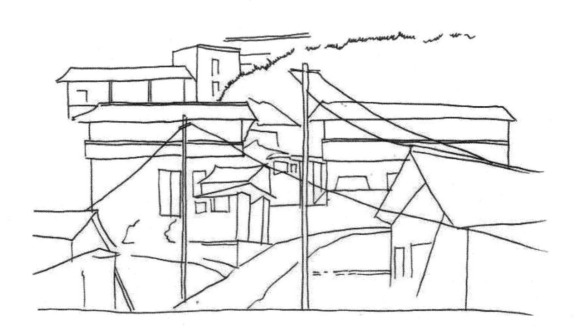

◁ 图 5-13　范例三——勾勒形体　侯建伟

◀ 图 5-14 范例三——光影关系 侯建伟

◀ 图 5-15 范例三——深化细节 侯建伟

范例四

① 注意构图，近处房子不要过大、远近房子大小成比例等（如图5-16所示）。

② 铅笔确定房屋大小、空间位置关系，分析好透视关系，勾勒出大致的轮廓线条（如图5-17所示）。

③ 用钢笔画出具体的形体。根据近处房屋去明确远处的房屋（如图5-18所示）。

④ 从近到远，刻画房屋及景物，注意房屋前后虚实关系（如图5-19所示）。

⑤ 刻画时注意近实远虚，适当的删减取景，使画面有远有近、有实有虚、有简有繁、有主有次，更加协调统一（如图5-20所示）。

◁ 图5-16 范例四——建筑照片

◁ 图 5-17 范例四——确定位置 侯建伟

◁ 图 5-18 范例四——勾勒形体 侯建伟

◁ 图 5-19　范例四——虚实关系　侯建伟

◁ 图 5-20　范例四——深化细节　侯建伟

5.3　古迹文化环境建筑速写表现

古迹文化建筑是中国乃至全世界的文化艺术瑰宝，古迹建筑环境速写在绘图手法上更加注重技法的使用，渲染的主题气氛更加强烈。

范例五

① 注意主体物大小，构图不要太空旷（如图5-21所示）。

◀ 图5-21　范例五——建筑照片

② 先用铅笔打辅助线确定塔的大概位置、在画面中的空间比例关系（如图5-22所示）。

③ 用钢笔画出准确的塔的基本形体，从上往下，从塔顶开始刻画，注意每一檐层的透视关系（如图5-23所示）。

④ 开始添加阴影、栏杆、门洞等细节，注意疏密变化和前后的空间关系（如图5-24所示）。

⑤ 最后注意画面的明暗对比关系，前面的树木不要画得太实，简单勾勒出形状及层次，与塔身空间感更强（如图5-25所示）。

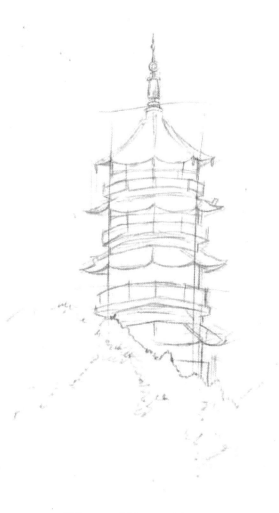

◁ 图5-22 范例五——确定位置 侯建伟

◁ 图5-23 范例五——勾勒形体 侯建伟

图 5-24 范例五——深化细节 侯建伟

图 5-25 范例五——虚实关系 侯建伟

范例六

① 注意构图，不要把房子画的太小，比例很重要（如图5-26所示）。

② 分析好画面的透视关系，然后用铅笔画出大形，注意在画面里具体位置和大小（如图5-27所示）。

③ 在铅笔稿上用钢笔勾勒出画面形体结构，然后适当的删减取景，将与主题内容联系不大、不典型、难看的东西抛掉（如图5-28所示）。

④ 用短线、长线、竖线、横线等区分出整体画面的明暗关系、空间关系（如图5-29所示）。

⑤ 刻画山上房屋不要面面俱到，注意前后关系，近实远虚。为了画面需要可以借景，把能有效渲染主题、气氛的景物移植过来（如图5-30所示）。

图5-26　范例六——建筑照片

◁ 图 5-27 范例六——确定位置　侯建伟

◁ 图 5-28 范例六——勾勒形体　侯建伟

◁ 图 5-29　范例六——明暗关系　侯建伟

◁ 图 5-30　范例六——深化细节　侯建伟

5.4 度假游乐场所建筑速写表现

去度假游乐场所游玩已经成为现代人的一种休闲娱乐方式，在许多城市中我们总会见到各种度假游乐设施，怎样表现这些建筑是我们这一小节要学习的内容。

范例七

① 观察实体建筑或图片，了解度假游乐场所的内部结构、游乐设施的分布、场所的装饰风格(如图5-31所示)。

② 先用铅笔画出基本的透视，分出最高点和最低点，分析房屋与石头的关系(如图5-32所示)。

③ 用针管笔画出大概的形体结构，画假山的时候注意石头的高低远近，下笔要果断，简练扼要(如图5-33所示)。

④ 开始刻画，先整体画出明暗关系，再画出假山与房屋的关系，注意房屋和假山的质感区分(如图5-34所示)。

⑤ 深入刻画视觉中心，同时注意画面整体调整。房屋与假山的空间关系，画假山注意取舍，以整体深入刻画(如图5-35所示)。

◁ 图5-31 范例七——建筑照片

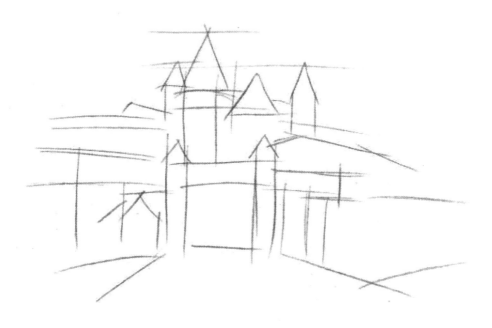

◀图 5-32 范例七——确定位置 侯建伟

◀图 5-33 范例七——勾勒形体 侯建伟

◀ 图 5-34 范例七——明暗关系 侯建伟

◀ 图 5-35 范例七——深入刻画 侯建伟

范例八

① 观察实体建筑或图片，了解度假游乐场所的内部结构、游乐设施的分布、场所的装饰风格 (如图 5-36 所示)。

② 用铅笔起形，先画出基本的几条透视线，在透视线的基础上继续画出小的透视线 (如图 5-37 所示)。

③ 用针管笔在铅笔的基础上，勾勒出确切的形体 (如图 5-38 所示)。

④ 从视觉中心开始刻画，加强墙角的光影效果，用线的时候注意线条的疏密 (如图 5-39 所示)。

⑤ 调整画面整体关系，加强明暗对比、疏密变化，使画面更加完整 (如图 5-40 所示)。

◁ 图 5-36 范例八——建筑照片

◀ 图 5-37 范例八——确定位置 侯建伟

◀ 图 5-38 范例八——勾勒形体 侯建伟

◀ 图 5-39　范例八——光影效果　侯建伟

◀ 图 5-40　范例八——深入刻画　侯建伟

本章小结

本章从绘图手法、透视基础、结构处理等方面进一步讲解了环境建筑速写的方法和技巧。

思考练习

① 按照步骤临摹图5-4，A4一张。

② 进行实景写生训练，注意是否有表现建筑的前后空间关系，以及建筑与树木的明暗对比。

③ 进行全章节学习归纳与总结。

本章要点：

1. 一点和两点透视错误的表现

2. 明暗调子和基础线错误在速写中的表现

3. 光影怎么表现，怎么让画面具有光感

4. 画面中细节问题的处理

第6章
建筑速写实例范画错误分析及矫正

学习目标：
1. 了解透视表现实例错误
2. 了解基础线、调子实例错误
3. 了解光影关系错误
4. 了解综合实例错误
5. 知道怎么看出自己速写中的问题并改正

6.1 透视表现实例错误分析矫正

举例1（如图6-1所示）

①整体灰度弱，不能突出建筑主体，需要全图加深灰度。
②墙与地面不可能一个色调。调整墙面与地面的对比，灰化地面。
③增加建筑物上的深色区域，使其更立体。
④勾勒天空，在画面多亮光区域时，天空不留白。

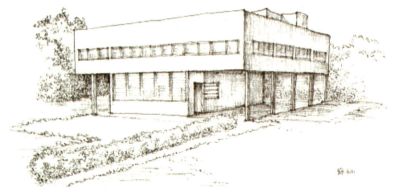

改正前

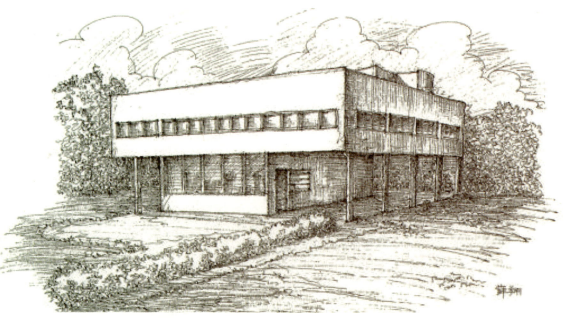

改正后

◁ 图6-1 萨伏伊别墅 薛翔 学生作品

6.2 基础线、调子实例错误分析矫正

举例 2（如图 6-2 所示）

① 调整了基础线，主次更加明确，有条理性。
② 不受光面色调太浅，画面并不整体，增强色调对比，突显主体物。
③ 调整了调子，使画面的整体性更强。

改正前

改正后

◀ 图 6-2 概念建筑 叶凯旋 学生作品

举例3（如图6-3所示）

① 画面缺乏色调，像半成品。加重了暗部的调子，突显了主体。
② 调整基础线的轻重，明确画面的前后关系，使画面不平淡。
③ 调整线条关系，让画面更整洁。

改正前

改正后

◁ 图6-3 现代建筑-1 叶凯旋 学生作品

举例4（如图6-4所示）

① 整体构图偏下。加重暗部线条，明确画面的前后关系，突出主体。

② 明暗面不够明显，基础线不明确。调整线条关系，让画面更丰富。

③ 线条凌乱，画面不够丰富。在地面加重了一些调子，让画面看着不单调。用调子找一些细节。

改正前

改正后

◀ 图6-4 现代建筑-2 叶凯旋 学生作品

举例5（如图6-5所示）

① 基础线不够明确，主次不够分明。
② 建筑前后关系不突出，加深后侧建筑调子，使画面立体。
③ 增加一些表现材质的色调，如图中改动后亮面上的竖向线条。

改正前

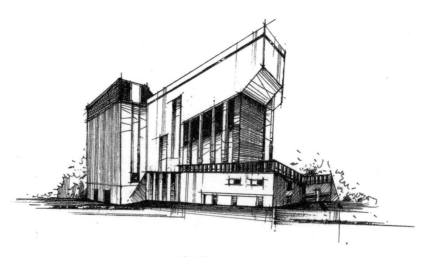

改正后

图6-5　现代建筑-1　崔一凡　学生作品

举例6（如图6-6所示）

① 阴面不暗，缺少暗面调子，不能突出光影关系。
② 建筑的几个面调子对比平淡，不能突出一个光亮点。
③ 细化细节，细节的暗部会使建筑立体起来。

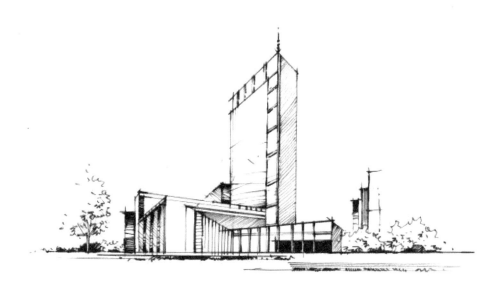

改正前

改正后

◁ 图6-6 现代建筑-2 崔一凡 学生作品

6.3 光影关系实例错误分析矫正

> 举例 7（如图 6-7 所示）

① 树木笔画太多、色调深，需要加深建筑物色调。
② 建筑物与地面对比强烈，在地面上增画建筑阴影。
③ 城墙的三段前后关系不突出，用色调加强对比度。
④ 配合加深色调后的城墙，门楼上细节加深。

改正前

改正后

◁ 图 6-7　沈阳东陵　薛翔　学生作品

举例8（如图6-8所示）

① 建筑物屋顶细节处理不够细致。
② 配景植被留白太多，对比度不高，整体层次不够明显。
③ 深化建筑物与周边环境明暗对比度，强调主次关系。
④ 画面平淡，深化阴影关系。

改正前

改正后

◁ 图6-8 园林 董建 学生作品

举例9（如图6-9所示）

① 色调上有建筑物与环境的对比，但建筑物上的光影需要深化。
② 画面两侧树木用简单线条描绘树木层次。
③ 注意加深门洞中的色调，与墙体形成对比。
④ 简单勾勒天空与地面，使画面饱满。

改正前

改正后

图6-9　沈阳北陵　薛翔　学生作品

举例10（如图6-10所示）

① 画面需要强调建筑物，弱化环境，细化加深建筑物色调。
② 建筑物与环境区分突出后，强调建筑物上的光影关系、光线方向。
③ 水域的色调与建筑物色调相配合。
④ 注意前景的松树枝干，不能使用太实的色调。

改正前

◁ 图6-10

改正后

< 图6-10 留园 薛翔 学生作品

举例11（如图6-11所示）

① 画面整体缺乏灰度与深度。
② 环境不用修改，深化建筑色调以突出建筑物。
③ 注意墙体材质的不同，用线条与色调体现。
④ 光线方向不明确，加深建筑物背阴面。

改正前

改正后

◀ 图 6-11 流水别墅 薛翔 学生作品

6.4 综合实例错误分析矫正

举例 12（如图 6-12 所示）

改正前

① 整体上的色调树密房疏,需要深化建筑物细节,使画面饱满。
② 进一步强调光线方向、建筑光影关系。
③ 用小面积重色调铺出斗拱结构。
④ 远景山脉用横向短线增加其立体感。

改正后

◁ 图 6-12 古寺 薛翔 学生作品

举例13（如图6-13所示）

① 建筑物与植物明暗色调变化相近，对比度不高，整体层次不够明显。
② 树木、植被明暗关系处理不到位，不能够突出建筑物，显得建筑物的重心偏高。
③ 建筑物窗框等细节处理单一。
④ 天空未做效果处理，构图整体平衡度不够高。

改正前

改正后

◁ 图6-13 学院一景 秦晓棠 学生作品

举例14（如图6-14所示）

① 画面整体色调少，饱和度不够。
② 右侧墙体太亮，不符合光影关系。
③ 左侧墙体色调太散，改正为一个色调。
④ 人与建筑缺少地面上的影子。

改正前

改正后

◀ 图6-14 沈阳东陵 薛翔 学生作品

举例15（如图6-15所示）

① 画面色调重，需要再加深右侧建筑色调，弱化其存在感。
② 缺少建筑阴影，要强调光线方向。
③ 建筑主体色调已经很重，需要加深门窗洞来突出墙体。
④ 整体上弱化主体建筑之外的物体色调对比。

改正前

改正后

图6-15 小南教堂 薛翔 学生作品

举例16（如图6-16所示）

① 画面主体建筑物色调基本完成，但建筑物前后关系不明显。
② 用斜线加深建筑背阴面，使画面更加立体。
③ 加设一些细节，窗的不同色调、小型建筑结构等。
④ 大线条灰化远景，不留白。

改正前

改正后

◀ 图6-16 纽约 薛翔 学生作品

本章小结

建筑速写重点在于建筑形体的把握和对透视的理解，对以后徒手表现构思起关键作用。在建筑速写中不仅要注意选景构图，还要注意基本透视，其次注意画面对比度、虚实和主次，线条要流畅。速写是一个加法的过程，要学会用加法的形式去完成画面，而不是依赖铅笔和橡皮，一气呵成的速写往往更具生命力。

思考练习

① 建筑速写中透视错误表现在什么地方。
② 建筑速写中基础线、调子错误表现在什么地方。
③ 建筑速写中光影关系错误表现在什么地方。
④ 尝试对照建筑实物照片临摹，A4一张。

第7章

作品鉴赏

7.1 学生作品鉴赏

◁ 图 7-1　沈阳城市规划馆　秦晓棠　学生作品

◁ 图 7-2　学园一景 -1　董建　学生作品

◁ 图 7-3 学园一景 -2 秦晓棠 学生作品

7.2 教师作品鉴赏

◁ 图 7-4 隐秘一汪 杨凯

◁ 图 7-5　渔船　杨凯

◁ 图 7-6　海滩　杨凯

◁ 图 7-7 屋宇 杨凯

◁ 图 7-8 树影婆娑 杨凯

◀ 图 7-9　丁酉屈山　侯建伟

◀ 图 7-10　西边　侯建伟

◀ 图 7-11　放鹿山　侯建伟

图 7-12　太行山 -1　许翔宇

< 图 7-13　太行山 -2　许翔宇

< 图 7-14　太行山 -3　许翔宇

7.3 国外作品鉴赏

◁ 图 7-15 国外建筑速写 -1

◀ 图 7-16 国外建筑速写 -2

◀ 图 7-17 国外建筑速写 -3

◀ 图 7-18 国外建筑速写 -4

◀ 图 7-19 国外建筑速写 -5

参考文献

REFERENCE

[1] 加布里埃尔·坎帕纳里奥.世界建筑风景速写.北京：中国青年出版社，2013.
[2] 陈华新.风景速写教程.上海：上海大学出版社，2012.
[3] 夏克梁.建筑风景速写基础.沈阳：辽宁美术出版社，2010.
[4] 耿庆雷.建筑钢笔速写.上海：东华大学出版社，2011.
[5] 普林斯，赵巍岩.建筑思维的草图表达.上海：上海人民美术出版社，2005.
[6] R.S.奥列佛.奥列佛风景建筑速写.南宁：广西美术出版社，2003.
[7] 吴昊.建筑与环境艺术速写.北京：中国建筑工业出版社，2008.
[8] 刘郁兴.钢笔风景速写.北京：海洋出版社，2012.